AVIS
AU PUBLIC

Sur l'usage des nouvelles Fontaines domestiques & de santé.

AVIS
AU PUBLIC

Sur l'ufage des nouvelles Fontaines domeftiques & de fanté.

LE mécanifme des nouvelles Fontaines a fubi de grands examens, pendant près de 5 ans. Rien n'eft plus effentiel à la fanté, & conféquemment à la confervation de la vie, que l'eau bien purgée de limon, de vifcofité, de principe pétrifiant ou vitriolique, &c : en un mot, c'eft le principe de la vie, le véhicule de tous nos alimens. Auffi le Privilége exclufif des nouvelles Fontaines propres à cette purification n'a été enregiftré, qu'après que les Magiftrats attentifs au bien, & à la fanté publique, en ont reconnu l'utilité, & même la néceffité.

Il n'eft point d'homme, tant foit peu inftruit, qui ne connoiffe le danger du verd-de-gris, poifon redoutable qui pullulle toujours dans les

Fontaines de cuivre, principalement dans celles qui font mal entretenues.

L'auteur des nouvelles Fontaines peut en parler fçavamment, d'après la dangereufe expérience qu'il en a faite lui-même, fans attention. Il eft venu à Paris en Janvier 1742. il prit fa demeure dans la rue de Seine, chez le fieur Benard tapiffier, où il ne fe fervoit que de cruches de grès, dans lefquelles il faifoit repofer l'eau de la Seine. Moyennant cette précaution, il n'a point été incommodé, comme le font ordinairement les Etrangers, & il eft parti pour la Provence le 22 Août fuivant, bien perfuadé que ce n'eft pas l'eau de la Seine, qui rend les Etrangers malades, mais feulement le verd-de-gris dont elle eft imprégnée dans les Fontaines de cuivre. Il eft revenu à Paris en Janvier 1745. il prit fa demeure dans la même rue à l'Hôtel de Provence, tenu par le fieur Mongon. Là, faifant ufage imprudemment de l'eau de la Fontaine de ce dernier, il a été au bout de quelques jours fi malade, fans penfer à la Fontaine de cuivre, qu'il avoit

perdu toute espérance d'en échap-
per. Ce ne fut que les symptomes
du poison, qui lui firent faire attention quelques jours après, & qui lui
firent abandonner des remédes inu-
tiles, pour s'en tenir aux antidottes
convenables; mais n'y ayant pas eu
recours assez-tôt, le mal fut opiniâ-
tre, & il ne recouvra sa santé ordinaire, que long-tems après.

Ce témoignage paroîtroit suspect
de la part d'un Auteur; mais cet
Auteur est trop désintéressé : il n'a
été guidé que par le bien public ; sa
remarque l'a conduit à quitter un
état honorable, pour mettre en mou-
vement, par la construction des nouvelles Fontaines, les avis respecta-
bles de MM. les Médecins, sur un
point capital, à faire pour cela une
infinité d'expériences très-couteu-
ses, à voyager enfin d'une extrémité
du Royaume à l'autre, & à s'estimer
trop heureux maintenant de suffire
à faire honneur. Quiconque voudra
le rembourser de ses frais & loyaux
coûts, & le remettre dans son état,
joüira du Privilége, tel qu'il lui
reste.

a iij

Le témoignage d'un Auteur dans cette position, connue de beaucoup de gens de la premiere distinction, ne sçauroit donc être suspect ; mais il est appuyé par une infinité d'autres exemples : il suffit d'en rapporter ici quelques-uns.

1°. Dans la rue Clopin au-dessus des fossés S. Victor, & dans la maison où demeure actuellement un relieur appellé La Fontaine, il est mort du soir au matin cinq personnes empoisonnées par l'eau d'une fontaine de cuivre.

2°. Dans la Paroisse S. Paul, il y a eu trois Prêtres empoisonnés, & morts.

3°. Dans la rue S. Paul, un Marchand de vin, sa femme, & un de leurs parens, ont été empoisonnés également par l'eau d'une fontaine de cuivre. Les deux premiers, après plusieurs remédes contraires, eurent recours aux antidottes du verd-de-gris. Bien leur en prit, ils furent sauvés. Le parent plus entêté n'en voulut pas, il mourut.

4°. Dans la Place Maubert, à l'Hôtel de Nevers ; un Chanoine étranger mort subitement par l'action du verd-de-gris. On l'ouvrit : on trouva ce poison très-caractérisé, dans l'estomac & dans les intestins, qui en paroissoient déchirés.

5°. Dans la Place S. Michel, & dans la maison d'un boulanger, appellé Broutier, un Gargotier mort par le même poison, qui ne fut pas connu.

6°. Dans la rue Neuve S. Paul, il y a un exemple plus frappant. Huit personnes mortes subitement, par l'effet d'une trop forte dose de verd-de-gris, prise dans l'eau d'une fontaine de cuivre : mais où est le volume maniable, qui pût contenir les exemples visibles & invisibles de ce poison ?

Il n'est point d'homme sensé, qui ne doive trembler, après des vérités que chacun connoît, que chacun méprise, & dont on peut s'éclaircir, à l'aspect de pareils vaisseaux ; principalement les maîtres, qui ne sont pas faits pour en être les pilotes, & qui malheureusement sont obligés de mettre au gouvernail différents domestiques qui se succedent, tan-

tôt avifés, tantôt étourdis, & toujours ignorans : *car il ne faut pas
s'attendre, que le vulgaire, les fe-
melettes, les cuifiniers, fe donnent affez de foins pour profiter de tant d'e-
xemples funeftes. Ils négligent les pra-
tiques les plus fimples, & toute la
phyfique eft inutile pour eux :* c'eft la
Faculté de Médecine en corps, qui
s'explique en ces termes, dans l'en-
droit, dont il fera parlé dans la fui-
te, extrêmement affligée de l'ufage
le plus pernicieux à la fanté publique, & du peu d'apparence qu'il y
a, de parvenir à cet égard, à la ré-
formation.

Les riches, à la vérité, font moins
fujets aux accidens qu'elles produi-
fent : les étamages fréquents, la re-
vente des Fontaines remplacées par
des neuves, eft chez eux comme le
mafque de ces ennemis domeftiques.
L'eau qui s'impregne légerement
de verd-de-gris dans les Fontaines
de ce métal bien étamées & bien
entretenues, ne peut nuire que légerement, elle mine peu à peu, &
ne laiffe voir aucun fimptôme de
poifon ; mais fi dans ce cas les ac-

cidens effrayans ou la mort fubite
n'en réfultent pas, le poifon lent ne
fait pas moins fon chemin. Le def-
fous des planchers qui foutiennent
le fable, l'entre-deux des cylindres
qui compofent le corps de la Fontaine de cuivre, & principalement
le tuyau de lévent, font toujours
pleins de verd-de-gris dans la Fontaine la mieux étamée, & à laquelle
on aura donné le plus d'attention.
L'eau d'une Fontaine de cette efpece
eft limpide, conféquemment agréa-
ble aux yeux, même au goût par fon
infipidité, le verd-de-gris étant lui-
même infipide, quand le filtrage a
été continuel; mais ce n'eft là qu'une
eau fardée, qui porte en elle-même
la femence d'un poifon lent; & ce
font tantôt dans cet hôtel, tantôt
dans cette maifon, tantôt dans cette
Communauté, tantôt & plus fou-
vent chez ces étrangers nouvelle-
ment arrivés à Paris, & moins ac-
coutumés à l'action de ce poifon;
des dégoûts, des foibleffes ou des
pefanteurs d'eftomach; des indigef-
ftions, des accablemens, des maux
de tête, des mouvemens de bile,

des maux de cœur avec envie de vo-
mir ; des fiévres légères , quelquefois ardentes , & quelquefois après
bien des remédes fans fruit , des maladies chroniques , dont les malades
n'attribuent la caufe qu'à la condi-
tion de l'homme , naturellement fu-
jet à l'infirmité.

Il n'eft pas cependant vrai , que
les riches foient abfolument exempts
de poifon fubit de ce côté-là ; ils
dépendent de l'inattention de leurs
domeftiques , on a vû des exemples funeftes , chez les perfonnes les
plus opulentes , & de la premiere
diftinction : auffi la Faculté de Médecine a voulu fe tirer de tout re-
proche vis-à-vis du Public. Quoi-
que les livres foient remplis de théorie & de pratique , fur l'ufage des
vaiffeaux de cuivre , elle a cru dé-
voir renouveller à cet égard fes
confeils falutaires. C'eft aux perfonnes curieufes de leur fanté , à s'é-
claircir fur un fait auffi effentiel que
celui-ci , dans la queftion qui a été
difcutée le 20 Février 1749. dans
l'Ecole de Médecine de Paris , fous
la préfidence de M. Falconet , Mé-

decin confultant du Roi, de l'A-
cadémie des Infcriptions & Belles-
Lettres, & Docteur régent de la
Faculté.

A l'égard de ceux, dont les facultés ne leur permettent pas d'acheter des Fontaines de cuivre neuves,
ni de faire rétamer les vieilles qu'ils
achetent d'hafard, il eft affez ordinaire, que la fcience des chofes na-
turelles ne réfide pas chez eux. Les
follicitudes, l'indigence, menent
prefque toujours l'ignorance avec
elles, ou pour le moins obfcurcif-
fent la fcience : auffi, combien de
malades languiffent chez eux dans
Paris, fans connoître leurs maladies
ni le reméde, & même fans foup-
çonner un feul inftant, leurs Fontaines de cuivre.

On ne dit pas cependant qu'il n'y
ait des gens à Paris dans tous les
états, qui connoiffent le danger du
verd-de-gris, il y en a pour le moins
la moitié qui ont vendu, ou fait mettre leurs Fontaines de cuivre dans
un galetas, ou qui n'ont jamais voulu en acheter. Parmi ceux-ci, les
uns ne fçachant comment faire, quand

l'eau de la riviére est sale, la font filtrer au travers d'un papier gris, d'un taffetas, ou du sable, dans des pots de grès. D'autres la laissent simplement reposer pendant quelques jours, & aucun ne la purifie parfaitement; mais si ces précautions sont pénibles, & de peu de fruit, du moins c'est sagesse, quand de deux maux on évite le pire. Le limon de la Seine est un mal dans le corps de l'homme, mais le verd-de-gris en est un autre infiniment plus grand, que cette classe de gens avisés, qui jusqu'ici n'avoient pu mieux, évite fort à propos.

Il y a un autre danger dans les Fontaines de cuivre, indépendamment du verd-de-gris, qui résulte de ce métal, & du sable ordinaire qui est vitriolique; c'est le principe pétrifiant, qui résulte de ce sable mol, sujet de sa nature à se dissoudre dans l'eau, & à passer dans la boisson & dans les alimens; ce qui est principalement nuisible à ceux qui sont sujets à la pierre ou à la gravelle, ou qui ont dans le sang & dans les humeurs, ou dans leurs organes trop étroits, des dispositions pétrifiantes.

Les nouvelles Fontaines obvient à tous ces inconvéniens. On trouvera dans le magasin des Fontaines de plomb, d'étain & de terre, qui contiennent plusieurs commodités, qui donnent une eau plus dépurée, par le filtrage qui s'y en fait au travers d'un sable fin, comprimé, au reste dur & comme vitrifié par l'exposition & la nature des terroirs, d'où on le fait venir, & qui ne se dissout point dans l'eau, ou par le filtrage au travers des éponges; qui, à dire vrai, fournissent le filtre le plus commode, le plus puissant, & le plus sain.

Au reste, le mécanisme des nouvelles Fontaines se distribue à toutes sortes de facultés, de besoin, de goût & de lieux. En sable, elles fournissent à proportion de leur volume toute l'eau nécessaire. Il en est de même des Fontaines à éponges. Le nombre des alveoles & des éponges se proportionne aux besoins de plusieurs personnes, comme d'une seule : par exemple, tel particu-

lier feul avec un domeftique, ou
fans domeftique, ne confume que
deux pintes d'eau par jour, qui trouvera à bas prix une fontaine de deux
pintes. Tel autre avec une nombreu-
fe famille, ou plufieurs domeftiques;
tel hôtel, telle Communauté, qui
confument plufieurs voies d'eau par
jour, trouveront des fontaines de
toutes les grandeurs convenables à
leur befoin.

Ce volume n'eft point arbitraire
dans les fontaines de cuivre : leur
mécanifme eft borné ; il demande
au moins la capacité d'une voie
d'eau, pour y trouver la place de la
quantité de fable fuffifant au filtrage.
Une fontaine de cette efpece ne
peut donc convenir au befoin d'une
perfonne feule, qui eft obligée, en
cas qu'elle veuille faire filtrer fon
eau, de dépenfer au-delà de fon befoin : d'ailleurs cette perfonne feule
fe met au rifque du poifon, en faifant provifion d'eau pour 15 jours,
dans une fontaine de cuivre, qui va
imprégner cette eau pendant ce long
féjour d'une trop forte dofe de verd-
de-gris. Il vaut donc mieux que cet-

te perſonne ſeule ſe prive d'une fontaine de cuivre , que de faire une
dépenſe folle & fatale d'argent &
de ſanté.

Les Fontaines à éponges ſont les
plus commodes, les plus réductibles
à ce volume arbitraire , & les plus
ſuſceptibles de différentes utilités eſ-
ſentielles. On en trouvera dans le
magaſin même de portatives dans la
poche pour les Officiers militaires,
pour les voyageurs &c. Les pauvres
y trouveront encore beaucoup d'a-
vantages pour les uſages domeſti-
ques.

Les perſonnes, qui ont du rebut
pour les éponges, n'en connoiſſent
ni la qualité ni l'utilité. Il eſt ſurpre-
nant, que tel qui ſe frotte les dents
& les gencives tous les matins avec
une éponge, en ſe rinçant la bouche, ait du rebut de l'employer
comme filtre. Tout ce qu'on peut
avancer hardiment ici , c'eſt que l'é-
ponge eſt très-ſaine & médicinale,
mais la nouveauté ſuffit pour éveiller
beaucoup d'opinions au haſard ; on
obſervera ſeulement, qu'il a été fait
une foule d'expériences par les plus

illuſtres membres de l'Académie des Sciences , par pluſieurs perſonnes du public le plus diſtingué, par les plus fameux Médecins, en un mot, par les perſonnes le plus en état d'en juger. Ce n'eſt pas que cette foule de perſonnes reſpectables par leur ſcience, par leur état, par leur naiſfance , aient ignoré le point de Phyſique , elles le ſçavoient parfaitement par théorie ; mais s'agiſſant ici de la ſanté publique, & d'une nouvelle introduction dans les cuiſines qui ſont la baſe de l'Univers, elles ont voulu joindre la pratique à la théorie, pour porter enſuite des jugemens plus authentiques & à l'abri de toute cenſure.

En Afrique, on purifie l'eau du fleuve *le Niger* au travers des éponges, par le moyen de pluſieurs vaiſſeaux d'un étain imparfait venant des mines du pays. Or quand les Sçavans de Paris d'un côté, & une des quatre parties du monde de l'autre, ſont dans la théorie ou dans la pratique ſur un point de Phyſique de tous les tems, il paroît raiſonnable de ceder ; il n'eſt rien de plus fort qu'une très-longue expérience, c'est elle qui est la reine des jugemens.

On ne dit pas cependant que l'usage des Africains empêche le goût du marécage, si on laisse les éponges à sec, & sans continuer le filtrage. Les fausses expériences qui ont été faites, ont entretenu bien des gens dans l'erreur ; mais quel est le filtre qui ne fermente pas, si on le laisse sans eau, si on ne renouvelle pas l'eau, si le filtrage n'est pas continuel ? L'eau est beaucoup meilleure dans un hôtel, dans une Communauté où il y a de grandes fontaines de cuivre & une grande dépense d'eau, que chez un particulier qui conserve une voie d'eau dans une petite fontaine de cuivre quelquesfois pour l'usage de plusieurs jours. Voilà pourquoi il y a tant de fontaines de cuivre à Paris, qui sont chargées de verd-de-gris, & qui donnent à l'eau mauvaise odeur & mauvais goût. Il en sera de même des nouvelles Fontaines en éponges, ou en sable ; avec cette différence que dans les Fontaines de cuivre, le poison va souvent avec la mauvaise odeur

& le mauvais goût, & que dans les nouvelles Fontaines, le poifon n'eft jamais à craindre. Il n'y aura même ni mauvaife odeur ni mauvais goût, fi on fait toujours continuer le filtrage & foutirer l'eau filtrée à diverfes reprifes dans la journée indifféremment de tous les robinets, à l'exception de celui de l'eau fale, qui ne doit fervir que comme robinet de décharge, quand il s'agit de rincer la Fontaine. La ceffation de ce filtrage & le féjour de l'eau, fait le mal de quelque fontaine que ce foit, fût-elle d'or à 24 Karats.

Après cela, il faut convenir que le renouvellement & la confommation de l'eau du matin & du foir, eft le moyen le plus fûr pour la trouver toujours faine, infipide, & fans odeur. Eviter la fermentation, & la corruption de l'eau fale feroit un vrai miracle, que l'auteur de la nature n'a pas encore fait, & qu'il ne fera jamais, parce qu'il a voulu que tout corps, toute matiére, tout fluide, compofé de volatil & de fixe, foit corruptible. Il n'y a que l'eau bien purifiée, & fcellée hermétiquement dans un vaiſſeau de verre, ou dans tout autre formé d'une matiére ſimple & homogene de ſa nature, qui ſe conſerve parfaitement, parce qu'elle eſt elle-même ſimple & homogene; mais ſi on admet le commerce de l'eau pure avec l'air, encore mieux, ſi elle renferme des parties hétérogenes, il n'eſt pas poſſible d'éviter ſa corruption.

Il faut cependant remarquer, que les Fontaines doivent avoir de l'air; car bien que l'air corrompe l'eau pure avec le tems, il ne s'enfuit pas qu'il faille ſceller l'eau journaliere, preſque hermétiquement, comme dans les fontaines de cuivre, dont le couvercle s'oppoſe beaucoup au paſſage de l'air. Il faut des ventouſes, afin que l'eau mêlée avec la vaſe exhale la fermentation qui peut en réſulter : voilà la principale cauſe de la mauvaiſe odeur de pluſieurs fontaines de cuivre, que l'on ne découvre pas aſſez ſouvent, pour renouveller l'air ; & voilà pourquoi auſſi, on a fait pratiquer différentes ventouſes grillées de crin & de plomb dans les nouvelles Fontaines, pour faire circuler l'air d'une ventouse à l'autre.

On pourroit dire que ces ventouses ne font pas bien imaginées, parce que la pouffiere fe mêlera avec l'eau pure ; mais on peut répondre, que c'eft un mal néceffaire, & auffi néceffaire que la refpiration, qui attire à chaque inftant par le nez ou par la bouche, les atômes qui font dans l'air.

Ceux qui aiment mieux le fable, trouveront des Fontaines en fable, qui ne feront pas exemtes de mauvais goût, s'ils ne font pas filtrer leur eau fans ceffe, ou s'ils la laiffent croupir trop long-tems ; les ventoufes dans ce cas ne peuvent fuffire, pour exhaler une trop forte fermentation : ainfi les nouvelles Fontaines ne feront pas des miracles, elles obvieront feulement à beaucoup d'inconvénients, principalement au poifon ; elles feront moins cheres, plus commodes, plus propres à purifier l'eau, & conféquemment plus faines, que les fontaines de cuivre.

Ceux qui font ufage de l'eau d'Ar

cueil pétrifiante de sa nature, trouveront dans les Fontaines à éponges
le moyen le plus fort, pour arrêter
ce principe pétrifiant. Plusieurs fil-
tres d'éponges à un certain degré
de preſſion rempliront cette vûe, &
ces éponges, attendu la limpidité
naturelle à l'eau d'Arcueil, filtreront
plusieurs mois de suite sans y toucher, si l'on veut, avec cette différence néanmoins, qu'elles fourni-
ront peu à peu une moindre quantité
d'eau ; mais ce sera la preuve de la
rétention du principe pétrifiant.

Ceux qui font usage de l'eau de
la Seine, peuvent faire paſſer leur
eau au travers du sable, avec un dernier filtre en éponges, pour rafiner
l'eau ; ils pourront auſſi n'avoir dans
leurs cuisines que des Fontaines en
sable, d'où ils feront tirer l'eau dé-
ja limpide pour garnir la Fontaine
à éponges, qui sera dans leurs offices
& qui leur fournira, sans y toucher
de long-tems, une eau brillante,
comme un rubis, & beaucoup plus
dépurée.

Le lavage du sable est connu, il
n'est pas besoin d'instruction à cet

égard. Pour ce qui eſt des éponges, il faut les choiſir bien mûres, bien ſaines, d'un grain fin & ſerré, les bien purger, les bien laver de pluſieurs eaux, juſqu'à ce que la derniere demeure limpide, les bien preſſer enſuite, & les appliquer de façon dans les alveoles, qu'elles préſentent ſur le revers un bouton rond, net, & aſſez dur. Cela fait, ſi on met de l'eau dans une Fontaine ainſi préparée, & que le filtrage continue, il eſt impoſſible de trouver de mauvais goût, à moins que les éponges aient contraćté quelque infection de graiſſe ou d'huile, ou de ſavon, &c. dans quelque vaiſſeau mal-propre, où elles auront été lavées ; auquel cas, il n'y a qu'à les repouſſer, & en mettre d'autres en place.

On doit obſerver encore, que bien que les éponges durent longtems dans l'eau, il eſt cependant fort libre, quand elles ſe ſont amollies de les changer. Ce renouvellement tous les ans n'eſt pas une dépenſe digne d'attention.

Pour la commodité du Public il

y aura des hommes dreffés dans le magafin, qui fe chargeront du foin des Fontaines chez les perfonnes qui trouveront à propos d'en acheter. Ces hommes auront une Machine nouvelle pour laver le fable, ou les éponges parfaitement en moins de demi-heure. Ils mettront les Fontaines en état toutes les premiéres femaines du mois, dans les tems où la Marne verfe fon limon dans la Seine, & de 2 mois en 2 mois dans les autres tems, moyennant 12 livres par an pour leurs falaires.

Ceux qui ne voudront pas faire ce marché, pourront appeller les mêmes hommes, qui mettront en état leurs fontaines en fable ou en éponges, moyennant 24 fols pour leurs falaires à chaque fois, & qu'en arrivant chez les perfonnes qui les appelleront, ils trouvent une voie d'eau de riviére, un fceau & un baquet pour l'eau du puits deftinée pour les premiers lavages.

A l'égard de ceux qui ne voudront faire aucune de ces dépenfes, on leur donnera des inftructions pour faire laver le fable ou les éponges,

dans la Fontaine même, sans la dé-
placer, & pour faire vuider le limon
& la grosse vase par un robinet de
décharge.

Les personnes qui voudront s'ins-
truire plus amplement, pourront
acheter chez J. B. COIGNARD,
& ANTOINE BOUDET le Li-
vre intitulé : *Nouvelles Fontaines
domestiques*, approuvées par l'Académie Royale des Sciences, où l'on
trouvera sur la fin la question de Médecine, dont on a parlé plus haut,
traduite du Latin en François, avec
des notes sur la nature des vaisseaux
de *cuivre*, de *bronze*, de *fer*, d'*étain*
ou de *plomb*.

Les Fontaines qui pourront être
endommagées, seront raccommo-
dées par les ouvriers de la Manufacture, à un prix convenable au
dommage fait. Il en sera de même
à l'égard de l'étamage des couver-
cles de bois.

La Manufacture royale & le Magasin des nouvelles Fontaines, sont
établis *rue Poissoniere, passé le Bou-
levard*, chez le sieur TROARD,
Marbrier du Roi.